BAUINGENIEUR JOHANN GÖDDERZ

STATOFIX

BEMESSUNGSVERFAHREN FÜR TRÄGER, BALKEN UND STÜTZEN

STATISCHES RECHNEN MIT FESTEN WERTEN

SPRINGER FACHMEDIEN WIESBADEN GMBH

ISBN 978-3-663-04021-7   ISBN 978-3-663-05467-2 (eBook)
DOI 10 1007/978-3-663-05467-2

1.-5. Tausend

Impr.: WiM-D/4 - 25 - Is/Gm Nr. 159 vom 6. 11. 1946

Vorwort zur ersten Auflage

Keine Generation stand je vor solcher Fülle der Bauaufgaben wie die jetzige.

Keine Generation aber hatte auch so wenig Gelegenheit, die zur Erfüllung dieser ihrer Aufgaben notwendigen Fachkenntnisse schulmäßig zu erwerben. In allen Dingen einfach zu denken und zu handeln, ist deshalb das Gebot der Stunde.

Statik, bisher Privileg des wissenschaftlich geschulten Technikers, muß, soweit es sich um die Berechnung genormter Konstruktionselemente handelt, Allgemeingut aller Bauschaffenden werden. Bedenken, wie sie noch während des Krieges gegenüber dem Gedanken einer volkstümlichen Statik geltend gemacht wurden, müssen angesichts des nationalen Notstandes zurücktreten.

Daß es möglich ist, Träger, Balken und Stützen, die wichtigsten Konstruktionselemente des gewöhnlichen Hochbaues, auf einfachste Weise exakt und unter Berücksichtigung der einschlägigen amtlichen Vorschriften zu berechnen, beweist der Statofix, das statische Rechnen mit festen Werten.

Möge der Statofix zu seinem Teil dazu beitragen, die Not zu überwinden. Die Weiterarbeit am Statofix betrachtet der Verfasser als seine selbstverständliche Aufgabe.

Im März 1946   J o h a n n   G ö d d e r z

Vorbemerkung:

Statofix, statisches Rechnen mit festen — fixen Werten, vereinfacht die Berechnung genormter Konstruktionselemente — Träger, Balken, Stützen aus Stahl und Holz — dadurch, daß statt der sonst üblichen Begriffe der Momente — Maximalmoment, Widerstandsmoment, Trägheitsmoment —, der Begriff der Tragfähigkeit in die Rechnung eingeführt wird.

Biegung:

Hierfür gilt folgende Überlegung: ein Träger (oder Balken, das Material spielt hierbei keine Rolle), der bei einer Stützweite von 1 m zulässig 1000 kg trägt, darf bei der doppelten Stützweite, also 2 m, nur noch mit der Hälfte der Last, also mit 500 kg belastet werden; bei 3 m mit 333 kg, bei 4 m mit 250 kg usw.

Umgekehrt: ein Träger, der bei einer Stützweite von 4 m 250 kg tragen soll, muß so stark sein, daß er bei 1 m Stützweite $4 \cdot 250 = 1000$ kg aufnehmen kann.

Unter Berücksichtigung der für das Material zulässigen Spannung (bei Stahl z. B. im allgemeinen 1400 kg/cm²) hat jeder Träger und jeder Balken eine bestimmte Tragfähigkeit bei der Stützweite von 1 m. Diese Tragfähigkeit wurde mit Hilfe bekannter Formeln für jedes Profil errechnet und in die Tabellen unter „Biegung", zulässige Belastung Q, eingetragen.

Durchbiegung:

Ist die Stützweite im Verhältnis zur Gesamtlast groß, so besteht die Gefahr einer zu starken Durchbiegung des Trägers, welche nach den geltenden Vorschriften DIN 1050 und DIN 1052 bestimmte Maße nicht überschreiten darf. Diese Maße sind unterschiedlich je nach dem Konstruktionsfall. (Tabelle Seite 11, obere Leiste.)

Die Durchbiegung darf höchstens betragen:

$l/150$; d. i. $\dfrac{1}{150}$ der Stützweite l:

    bei Kragbalken aus Holz;

$l/200$; d. i. $\dfrac{1}{200}$ der Stützweite l: bei Sparren (Holz) u. Pfetten (Holz u. Stahl);

    bei Trägern aus Stahl, wenn sie einbetoniert oder eingemauert, oder durch Verbundwirkung mit der Decke in der Durchbiegung wirksam behindert sind und ihre Stützweite mehr als 5 m beträgt;

$l/300$; d. i. $\dfrac{1}{300}$ der Stützweite l:

bei Deckenbalken (Holz);

bei Trägern aus Stahl, wenn sie frei eingebaut sind und ihre Stützweite mehr als 5 m beträgt;

bei Aussteifträgern (Ersatz für sonst vorhandene Quer- und Längsmauern), wenn sie einbetoniert etc. sind und ihre Stützweite mehr als 7 m beträgt;

$l/400$; d. i. $\dfrac{1}{400}$ der Stützweite l:

bei gedübelten, genagelten oder geleimten Balken;

$l/500$; d. i. $\dfrac{1}{500}$ der Stützweite l:

bei Aussteifträgern über 7 m Stützweite, wenn sie frei eingebaut sind und in jedem Falle bei Unterzügen aus Breitflanschstahl mit $\sigma_b = 1600 \ kg/cm^2$;

$l/1000$; d. i. $\dfrac{1}{1000}$ der Stützweite l:

bei Gründungskörpern und Auflagern, Rost- und Verteilungsträgern.

Die Berechnung der Durchbiegung nach der bisher üblichen Methode ist verhältnismäßig schwierig und umständlich wegen der mehrfachen Versuchsrechnungen, welche bis zur endgültigen Bestimmung des Trägers oft erforderlich sind. Zum Vergleich hierzu die Formeln für Belastungsart f):

$$\text{bisher:} \quad \frac{Q \cdot l^3}{E \cdot J} \cdot \frac{5}{384}$$

$$\text{Statofix:} \quad \frac{Q \cdot l}{8} \cdot l \cdot 1{,}5 \quad \text{(für } l/300)$$

Während die bisherige Formel das Durchbiegungsmaß ergibt, das erst noch auf Zulässigkeit nachgeprüft werden muß, errechnet die Statofix-Formel im Anschluß an die Biege-Formel unmittelbar den richtigen Träger für das geforderte Durchbiegungsmaß!

Da die Durchbiegungsformel nach Statofix genau so beginnt wie die Biege-Formel, so werden zweckmäßig beide Funktionen hintereinander gerechnet:

$$\frac{Q \cdot l}{8} \quad \text{weiter:} \ \cdot l \cdot 1{,}50 \quad \text{(für } l/300, \text{ Bel.-Art f)}$$

Die Wahl des Trägers erfolgt nun mit Rücksicht auf Biegung oder auf Durchbiegung, je nachdem, welche Rechnung das größere Profil ergibt.

Knickung:

Druckstäbe, Stützen, Säulen, Pfosten, werden auf Knickung untersucht.

Die vorhandene Druckkraft, also die Last, welche die Stütze tragen soll muß in einem bestimmten Verhältnis stehen zu derjenigen Druckkraft, welche das Profil ohne Rücksicht auf Knickung aufnehmen könnte. Die Verhältniszahlen heißen Knickzahlen; ihr Wert ist abhängig vom Material und dem sogenannten Schlankheitsgrad der Stütze; dieser wiederum ist abhängig von der Stützenhöhe (Knicklänge) und dem Querschnitt.

Die Knickberechnung nach Statofix beginnt mit dem Schlankheitsgrad, der für jedes Profil für die Knicklänge = 1 m ermittelt wurde und in den Tabellen unter λ_1 (lambda eins) aufgeführt ist.

Die Tabellen enthalten dann weiter Angaben über

S max; d. i. die größte zulässige Druckkraft ohne Berücksichtigung der Knickung;

S zul; d. i. die zulässige Druckkraft für die Knicklängen ^{s}K = 2.—, 3.—, 4.— m (für die zweiteilige Holzstütze: 3.—, 4.—, 5.— m).

Die reinen Stützentabellen enthalten außerdem die Werte für

^{s}Kmax; d. i. die größte zulässige Knicklänge des Profils und hierfür

S zul; die zulässige Druckkraft für den Schlankheitsgrad λ max = 250 (Stahl), 100 (Gußeisen) und 150 (Holz).

Die Berechnung einer Stütze geht aus von der vorhandenen Druckkraft und der freien Knicklänge.
Mit Hilfe der Werte für 2.—, 3.— und 4.— m Knicklänge wird zunächst versuchsweise ein Profil gewählt. Dessen Schlankheitsgrad für die Knicklänge 1 m, λ_1, wird mit der tatsächlichen Knicklänge multipliziert; das ergibt den Schlankheitsgrad der ganzen Stütze. Hiernach wird die Knickzahl aus den beigefügten Tabellen entnommen.

Dividiert man die größte zulässige Druckkraft des Profils, S max (ohne Knickberücksichtigung) nun durch die Knickzahl, so ergibt dies diejenige Druckkraft, welche die Stütze bei der vorgesehenen Knicklänge zulässig aufnehmen kann. Durch Vergleich mit der vorhandenen Druckkraft wird festgestellt, ob das versuchsweise gewählte Profil ausreicht.

Umgekehrt geht's auch: die vorhandene Druckkraft wird mit der Knickzahl ω (omega) multipliziert und so mit S max des Profils verglichen.

Der günstigste Querschnitt für einen Druckstab ist der runde; ihm am nächsten kommt von den üblichen Formen der quadratische Querschnitt. Sind die Seiten, wie beim rechteckigen Balken, ungleich, so gilt für die Knickberechnung der Knickwiderstand der kleineren Seite. Dasselbe gilt für die Stahlprofile. Die Knickwiderstandswerte der beiden Richtungen sind hier sehr unterschiedlich, weil der Stahlträger in erster Linie seine Aufgabe als Biegestab erfüllt. Eine einteilige Stütze aus einem I oder ⎾ Profil ist deshalb unwirtschaftlich hinsichtlich des Materialverbrauchs. Ein I P Stahl hat schon günstigere, wenn auch nicht ideale Werte. (Vergleiche die Tragfähigkeit der Profile bei $^sK = 3$ oder 4 m mit den Querschnitten F.)

Zwei ⅃Ϲ Stahlprofile, zu einer Stütze vereinigt, ergänzen sich derart, daß die größeren Knickwiderstandswerte beider Teile voll zur Auswirkung kommen, wenn als Abstand zwischen den Einzelstäben die in der Tabelle hierfür angegebenen Maße eingehalten werden.

Für die Auswahl der Querschnitte zweiteiliger Holzstützen waren folgende Gründe maßgebend:

1. Die amtlichen Vorschriften besagen, daß die kleinere Abmessung eines Holzstabes mindestens 6 cm sein soll; daß

2. der Abstand zwischen den beiden Einzelstäben, die sog. Spreizung, höchstens doppelt so groß sein darf, wie die kleinere Seite des Einzelstabes;

3. Vergleichsrechnungen ergaben, daß unter der Voraussetzung zu 2. der günstigste Gesamtquerschnitt der ist, bei welchem die Breite zur Höhe sich verhält wie 3 : 4.

Der kleinste, wirtschaftliche Gesamtquerschnitt ist demnach 18/24 cm, mit 2 Einzelstäben je 6/18 cm und der Spreizung 12 cm.

Nur solche Querschnitte sind in der Tabelle aufgeführt, die diesen Anforderungen ganz oder annähernd entsprechen.

Die in der Tabelle angegebenen Abmessungen für die kleinere Seite des Einzelstabes sind teilweise nicht üblich, doch ist bei Abweichungen hiervon stets nachzuprüfen, ob die Vorteile gegenüber dem Vollquerschnitt noch ausreichen, um die höheren Kosten der zweiteiligen Stütze zu rechtfertigen.

Bindehölzer, bei Stahlprofilen Bindebleche, sind außer an den Endpunkten grundsätzlich mindestens in den Drittelpunkten anzuordnen, wenn nicht (für ⅃Ϲ Stützen) die in der Tabelle angegebenen Mittenabstände eine engere Aufteilung ergeben.

Bindebleche sind an jeden Einzelstab mit mindestens 2 Nieten anzuschließen, an den Stabenden je ein Niet mehr als bei den Mittelblechen.

Bindehölzer werden mit 2 Bolzen, einreihig, gehalten, wenn die Gurtbreite (die größere Seite des Einzelstabes) bis 18 cm beträgt. Darüber mit 4 Bolzen, zweireihig.

Die Knickberechnung nach Statofix gilt ausschließlich für mittigen Kraftangriff und für den sogen. „Euler-Fall 2", d. h. die Stabenden, die gleichzeitig die Enden der in Rechnung gestellten freien Knicklänge sind, müssen durch Zugglieder, Verbände, Scheiben o. ä. gegen seitliches Ausweichen gesichert sein. Beide Stabenden sind dann als gelenkig geführt anzusehen. Dieser Fall ist im gewöhnlichen Hochbau die Regel.

Stehen Stützen in mehreren Stockwerken übereinander und werden sie durch ausreichend steife Decken unverrückbar gehalten, so ist die Geschoßhöhe als Knicklänge anzunehmen.

Bezeichnungen:

l = Stützweite; w = Lichtweite;

b = Breite; Mittenstand zweier Hauptträger;

h = Trägerhöhe;

G = ständige Einzellast; P = Verkehrs-Einzellast;

g, p, w = gleichmäßig verteilte ständige, bezw. Verkehrs-, bezw. Windbelastung je Flächen- oder Längeneinheit;

q = Gesamtbelastung aus g + p je Flächen- oder Längeneinheit;

Q = Gesamtbelastung aus G + P; W = Windeinzelkraft;

A, B = lotrechte Auflagerkräfte für Endstützen;

S = Stabkraft (Druckkraft);

$S\,max$ = größte zulässige Druckkraft ohne Knickberücksichtigung;

$S\,zul.$ = zulässige Druckkraft mit Knickberücksichtigung;

s_K = Knicklänge eines Druckstabes;

$s_K\,max$ = größte zulässige Knicklänge für das Profil;

F = unverschwächter Querschnitt;

σ (griech., sprich sigma) = Spannung;

σ_z, σ_d, σ_b, = Zug-, Druck-, Biegespannung;

$\sigma_d\,\|$ = Druckspannung in Faserrichtung;

$\sigma\,zul$ = zulässige Spannung in kg/cm²;

λ (griech., sprich lambda) = Schlankheitsgrad;

λ_1 = Schlankheitsgrad für die Knicklänge $s_K = 1$ m;

$\lambda\,max$ = größter zulässiger Schlankheitsgrad;

ω (griech., sprich omega) = Knickzahl.

< = kleiner als

> = größer als

Zulässige Materialspannungen

Die Standsicherheit des Bauwerkes erfordert die Begrenzung der durch Belastung im Material auftretenden Spannungen.

Es gelten folgende Vorschriften für den gewöhnlichen Hochbau:

Stahl: Unter der Voraussetzung, daß die Stahlbauteile ausreichend und dauernd gegen Rost geschützt und sachgemäß unterhalten werden, sind folgende Spannungen zulässig:

Bei vollwandigen Trägern, Fachwerken und Stützen:

Stahl 00.12: Zug, Biegung und Druck: $\sigma_z,\ \sigma_b,\ \sigma_d,\ = 1200\ \mathrm{kg/cm^2}$

Handelsbaustahl und **Stahl** 37.12: $\quad \sigma_z,\ \sigma_b,\ \sigma_d,\ = 1400\ \mathrm{kg/cm^2}$

bei Unterzügen aus Breitflanschträgern mit Durchbiegung

$$l/500: \quad \sigma_b\ = 1600\ \mathrm{kg/cm^2}$$

Gußeisen: $\qquad$ Druck bei Säulen, $\sigma_d\ =\ 900\ \mathrm{kg/cm^2}$

Bauholz (Nadelholz):

Güteklasse	III	II	I
Biegung $\sigma_b\ = \mathrm{kg/cm^2}$	70	100	130
Druck in der Faserrichtung $\sigma_d\ \| \ = \mathrm{kg/cm^2}$	60	85	110

Diese Spannungen gelten für baureifes, trockenes Nadelholz. Sie sind zu ermäßigen:

auf 2/3: bei frischgefälltem Holz für Gerüste;
bei dauernd im Wasser stehenden Bauteilen oder wenn diese der Feuchtigkeit ungeschützt ausgesetzt sind (nicht bei fliegenden Bauten).

(In der Berechnung nach Statofix berücksichtigt man dies durch einen Zuschlag von 50⁰/o zur Gesamtlast; Faktor 1,5.)

auf 5/6: (Zuschlag zur Gesamtlast = 20⁰/o, Faktor 1,2):
bei Bauteilen, die der Feuchtigkeit und Nässe ausgesetzt sind, jedoch nach der Bearbeitung und vor dem Zusammenbau mit einem geprüften Mittel geschützt wurden.

(Weitere Vorschriften siehe DIN 1052.)

Stützweite: l ist das Maß von Mitte zu Mitte Stütze. Liegt der Träger

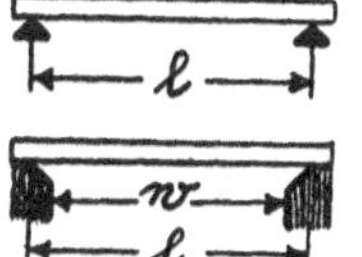

beiderseits auf Mauerwerk auf, so gilt als Stützweite das lichte Maß w + 1/20 w oder 1,05 w; dabei muß die Stützweite immer mindestens 12 cm größer sein als die Lichtweite, also stets dann, wenn die Lichtweite w = 2,40 m und darunter beträgt. Die Stützweite muß gegebenenfalls vergrößert oder das Auflager verstärkt werden, wenn die zulässige Spannung des stützenden Mauerwerks überschritten wird. Länge des Auflagers allgemein = Trägerhöhe.

Ist die Lichtweite z. B. = 4,00 m, so ist die Stützweite = 1,05 · 4,00 = 4,20 m.

Die Belastungsarten

Die Wirkung einer Last auf den Träger ist unterschiedlich je nach der Belastungsart (s. nebenstehende Tabelle).

Sie ist am ungünstigsten bei der

Belastungsart a) Einzellast am freien Ende eines einseitig eingespannten Freiträgers:

Formel $Q \cdot l =$ Gesamtlast $\times$ Stützweite.

Belastungsart b) Gleichmäßig verteilte Last auf einem einseitig eingespannten Freiträger:

Die Wirkung der Last auf den Träger ist nur halb so groß wie bei a), deshalb:

$$\frac{Q \cdot l}{2}$$

Belastungsart c) Einzellast in der Mitte eines beiderseits frei aufliegenden Trägers:

Die Wirkung ist ein Viertel gegenüber a), deshalb:

$$\frac{Q \cdot l}{4}$$

Belastungsart d) Einzellast außerhalb der Mitte eines beiderseits frei aufliegenden Trägers:

Die Wirkung ist abhängig von dem Verhältnis der beiden Teil-Stützweiten zueinander und zur Gesamtstützweite:

$$Q \cdot \frac{a \cdot b}{l}$$

Belastungsart e) Einzellasten an den freien Enden eines über die beiden Auflager auskragenden, frei aufliegenden Trägers:

Wirkung wie bei a)

$Q \cdot a$ (a = auskragender Trägerteil)

Belastungsart f) Gleichmäßig verteilte Last auf einem beiderseits frei aufliegenden Träger:

Wirkung ein Achtel gegenüber a):

$$\frac{Q \cdot l}{8}$$

Belastungsart g) Einzellast in der Mitte eines beiderseits fest eingespannten Trägers:

Wirkung ein Achtel gegenüber a):

$$\frac{Q \cdot l}{8}$$

BIEGUNG:

Q stets in Kilogramm
l in Meter einsetzen

WEITER FÜR DURCHBIEGUNG

Belastungsart:	BIEGE-formel		Kragbalken (Holz) $l/150$	Sparren, Holz; Pfetten, Holz u. Stahl; Träger, Stahl einbet. über 5 m $l/200$	Kragträger (Stahl) $l/250$	Deckenbalken; Träger/Pfetten Stahl frei; Aussteifträger über 7 m, einbet. $l/300$	genagelte, gedübelte, geleimte Balken $l/400$	Unterzüge aus Breitflansch σb 1600 / Aussteifträger über 7 m frei $l/500$	Gründungskörper und Auflager, Rost- u. Verteilungsträger $l/1000$
a 	$Q \cdot l$	$\cdot l \cdot$	2,40	3,20	4,00	4,80	6,40	8,00	16,00
b 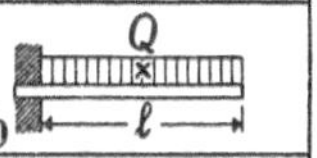	$\dfrac{Q \cdot l}{2}$	$\cdot l \cdot$	1,80	2,40	3,00	3,60	4,80	6,00	12,00
c 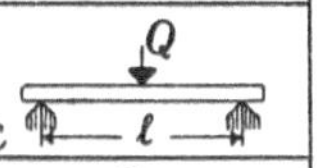	$\dfrac{Q \cdot l}{4}$	$\cdot l \cdot$	0,60	0,80	1,00	1,20	1,60	2,00	4,00
d 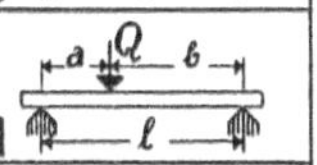	$Q \cdot \dfrac{a \cdot b}{l}$	$\cdot \dfrac{a \cdot b}{l} \cdot$	2,40	3,20	4,00	4,80	6,40	8,00	16,00
e 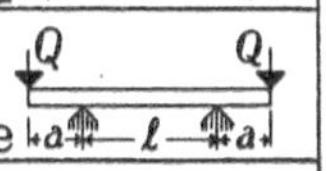	$Q \cdot a$	$\cdot l \cdot$	0,90	1,20	1,50	1,80	2,40	3,00	6,00
f 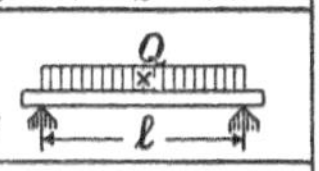	$\dfrac{Q \cdot l}{8}$	$\cdot l \cdot$	0,75	1,00	1,25	1,50	2,00	2,50	5,00
g 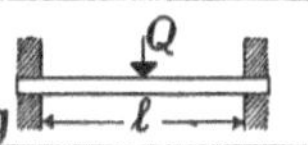	$\dfrac{Q \cdot l}{8}$	$\cdot l \cdot$	0,30	0,40	0,50	0,60	0,80	1,00	2,00
h 	$\dfrac{Q \cdot l}{12}$	$\cdot l \cdot$	0,23	0,30	0,38	0,45	0,60	0,75	1,50

Belastungsart h) Gleichmäßig verteilte Last auf einem beiderseits fest eingespannten Träger:

Wirkung ein Zwölftel gegenüber a):

$$\frac{Q \cdot l}{12}$$

Bemerkung zu g) und h): einwandfrei eingespannte Träger sind selten im gewöhnlichen Hochbau. Die Einspannung ist gegebenenfalls gesondert nachzuweisen.

Bei der Berechnung der Formeln ist stets Q in Kilogramm, l in Meter einzusetzen.

Berechnungsbeispiele

Im folgenden wird für jede im Statofix, Tabelle Seite 11, aufgeführte Belastungsart und für jede Stützenart ein Berechnungsbeispiel angeführt:

Beispiel 1: Belastungsart a). Einzellast am freien Ende eines einseitig eingespannten Freiträgers (Stahl)

$Q = 3000$ kg; $l = 1,50$ m; σ_b zul. $= 1400$ kg/cm²;
Durchbiegung: l/250;

Formel $Q \cdot l$; $\cdot l : 4$;

$3000 \cdot 1,5 = $ **4500** kg; $4500 \cdot 1,5 : 4 = $ **27 000**;

Für Biegung erf. I 24; für Durchbiegung I 22; gewählt mit Rücksicht auf Biegung: I 24 mit Qzul $= 4956 > 4500$ kg;

(Stets das höhere Profil wählen!)

Beispiel 2: Belastungsart b). Gleichmäßig verteilte Last auf einem einseitig eingespannten Freiträger (Stahl).

$Q = 4000$ kg; $l = 1,80$ m; σ_b zul. $= 1400$ kg/cm²; Durchbiegung l/250;

Formel: $\dfrac{Q \cdot l}{2}$; $\cdot l \cdot 3,0 =$

$\dfrac{4000 \cdot 1,80 = \mathbf{3600} \text{ kg}; 3600 \cdot 1,8 \cdot 3 = \mathbf{19\,440};}{2}$

Für Biegung erf. I 22; für Durchbiegung I 20.
Gewählt mit Rücksicht auf Biegung I 22 mit Qzul $= 3892 > 3600$ kg.

Beispiel 3: mit Breit- und Parallelflansch-Träger: Belastungsart c). Einzellast in der Mitte eines beiderseits frei aufliegenden Trägers:
$Q = 4000$ kg; $l = 8,00$ m; σ_b zul. $= 1400$ kg/cm²;
Durchbiegung l/300;

Formel $\dfrac{Q \cdot l}{4}$; $\cdot l \cdot 1,2 =$

$\dfrac{4000 \cdot 8}{4} = 8000$ kg; $8000 \cdot 8 \cdot 1,2 = \mathbf{76\,800}$;

Für Biegung erford. IP 20; für Durchbiegung IP 22!
Es müßte demnach IP 22 gewählt werden mit Wert 81 144 $> 76\,800$;

Vergleich mit einem I-Profil:

erforderlich wäre wegen Biegung I 30, wegen Durchbiegung I 30;

Querschnitt F des IP 22 $= 91,1$ cm²

Querschnitt F des I 30 $= 69,1$ cm²

Aus wirtschaftlichen Gründen wird demnach das I-Profil 30 gewählt werden müssen, wenn nicht andere, zwingende Gründe die Verwendung des niedrigeren IP-Profils erfordern.

I-STAHL — HANDELS-BAUSTAHL

BEZ. I 8 · DIN 1025₁

h cm	b cm	Gew. kg/m	F cm²	BIEGUNG $\sigma_b = kg/cm^2$ zul. Belastg. Q 1400 kg	1600 kg	DURCHBIEGUNG Wert	Smax = F · 1400 kg	KNICKEN für sK = 1m λ_1	zul. Druckkraft Szul. für freie Knicklänge sK = 2 m kg	3 m kg	4 m kg
8	4,2	5,95	7,6	273	312	784	10 640	110	925	—	—
10	5,0	8,32	10,6	478	547	1 724	14 840	93,5	1 795	—	—
12	5,8	11,2	14,2	765	875	3 306	19 880	81,3	3 180	1 410	—
14	6,6	14,4	18,3	1 146	1 310	5 776	25 620	71,4	5 310	2 360	—
16	7,4	17,9	22,8	1 638	1 872	9 425	31 920	64,5	8 120	3 600	—
18	8,2	21,9	27,9	2 254	2 576	14 620	39 060	58,5	12 050	5 360	3 010
20	9,0	26,3	33,5	2 996	3 424	21 571	46 900	53,5	17 300	7 700	4 330
22	9,8	31,1	39,6	3 892	4 448	30 845	55 440	49,5	24 100	10 640	5 980
24	10,6	36,2	46,1	4 956	5 664	42 840	64 540	45,5	33 600	14 670	8 240
26	11,3	41,9	53,4	6 188	7 072	57 859	74 760	43,1	42 700	18 930	10 630
28	11,9	48,0	61,1	7 588	8 672	76 507	85 540	40,8	52 800	24 160	13 570
30	12,5	54,2	69,1	9 142	10 448	98 784	96 740	39,1	62 800	29 700	16 730
32	13,1	61,1	77,8	10 948	12 512	126 101	108 920	37,5	73 600	36 300	20 400
34	13,7	68,1	86,8	12 922	14 768	158 256	121 520	35,7	85 600	44 800	25 200
36	14,3	76,2	97,1	15 260	17 440	197 669	135 940	34,5	98 400	53 400	30 200
38	14,9	84,0	107	17 640	20 160	242 021	149 800	33,1	111 700	64 500	36 100
40	15,5	92,6	118	20 440	23 360	294 437	165 200	32,0	126 100	77 100	42 600
42,5	16,3	104	132	24 360	27 840	372 658	184 800	30,3	145 500	96 200	53 200
45	17,0	115	147	28 560	32 640	462 168	205 800	29,2	165 900	114 300	63 700
47,5	17,8	128	163	33 320	38 080	569 318	228 200	27,8	187 000	136 600	78 400
50	18,5	141	180	38 500	44 000	692 899	252 000	26,9	210 000	157 500	92 000
55	20,0	167	213	50 540	57 760	999 734	298 200	24,9	254 800	202 800	127 400
60	21,5	199	254	64 820	74 080	1 401 120	355 600	23,3	309 100	255 800	176 800

Beispiel 4: mit Holzbalken; Güteklasse II. Belastungsart d). Einzellast außerhalb der Mitte eines beiderseits frei aufliegenden Holzbalkens.

$Q = 1500$ kg; $l = 5,00$ m; $a = 2,00$ m; $b = 3,00$ m;

σ_b zul. $= 100$ kg/cm²; Durchbiegung $l/300$;

$$Q : \frac{a \cdot b}{l}; \cdot \frac{a \cdot b}{l} \cdot 4,8;$$

$$1500 \cdot \frac{2 \cdot 3}{5} = 1500 \cdot 1,2 = 1800 \text{ kg}; \quad 1800 \cdot 1,2 \cdot 4,8 = 10\,368;$$

wegen Biegung □ 14/28 cm, wegen Durchbiegung ebenfalls □ 14/28 cm mit Qzul $= 1830 > 1800$ kg.

Der erste Balken, von oben nach unten gelesen, der den errechneten Wert erreicht oder überschreitet, hat auch zugleich den günstigsten Querschnitt hinsichtlich des Holzverbrauches. Es ist also nicht notwendig, durch Vergleichsrechnungen dies erst festzustellen, abgesehen davon, daß der Querschnittsvergleich an Hand der Tabelle erfolgen kann.

Eigentlich wäre demnach zuerst der Balken 10/36 zu wählen. Ein solcher Querschnitt ist aber nicht handelsüblich. Die Querschnitte 10/30—10/48 sind aufgeführt, um damit beliebige Querschnitte von mehr 30 cm Höhe errechnen zu können. Die Tragfähigkeit eines Balkens steht nämlich in direktem Verhältnis zu seiner Breite.

Hat der Balken 10/36 eine Tragfähigkeit von 2160 kg (σ_b = 100 kg/cm²), so trägt ein Balken 12/36 = 1,2 · 2160 = 2592 kg; bei 16/36 1,6 · 2160 = 3456 kg; bei 20/36 das Doppelte, 2 : 2160 = 4320 kg.

Solche Abmessungen erfordern schon gedübelte Balken, für welche das Durchbiegungsmaß 1/400 ist.

Die Tragfähigkeit gedübelter Balken ist geringer als normal anzusetzen; sie beträgt, sorgfältige Ausführung vorausgesetzt (für Brücken gelten kleinere Werte),

> bei 2 Lagen 0,85,
> bei 3 Lagen 0,70 der normalen Tragfähigkeit.

In der Berechnung nach Statofix wird dies durch einen Zuschlag zur Gesamtlast von rd. 18⁰/o (Faktor 1,18) bei 2 Lagen, und rd. 43⁰/o (Faktor 1,43) bei 3 Lagen berücksichtigt. Mehr als 3 Lagen dürfen nicht in Rechnung gesetzt werden.

Beispiel 5: mit gedübeltem Balken, zwei Lagen; Belastungsart e).
Je eine Einzellast an den freien Enden eines über die Auflager auskragenden, frei aufliegenden, gedübelten Balkens;
Q = 2500 kg; l = 4,00 m; a = 2,00 m; σ_b zul. = 100 kg/cm²
Faktor 1,18; Durchbiegung 1/400;

Formel: 1,18 · Q · a; · l · 2.40 =
1,18 · 2500 · 2,0 = **5900** kg; 5900 · 4 · 2,4 = **56 640**
Für Biegung 22/40; (2,2 · 2667 = 5867);
Für Durchbiegung 22/40; (2,2 · 25 600 = 56 320)

⊟ 22/40 ist etwas knapp, dürfte aber noch ausreichen.

Beispiel 6: Belastungsart f): Gleichmäßig verteilte Last auf einem beiderseits frei aufliegenden Aussteifträger, frei eingebaut;
Q = 6000 kg; l = 7,50 m; σ_b zul. = 1400 kg/cm²;
Durchbiegung 1/500 (über 7 m).

Formel: $\dfrac{Q \cdot l}{8}$; · l · 2,5;

$\dfrac{6000 \cdot 7,5}{8}$ = 5625 kg; 5625 · 7,5 = **105 469**;

Wegen Biegung I 26; wegen Durchbiegung I 32; gewählt mit Rücksicht auf Durchbiegung I 32 mit Wert 126 101 > 105 469.

I-STAHL — BREIT- UND PARALL.-FLANSCH.

größter Schlankheitsgrad λ max = 250; hierfür freie Knicklänge sK max = 250:λ_1 und Druckkraft Szul = Smax : 14,78

KNICKEN

h cm	b cm	Gew. kg/m	F cm²	Biegung $\sigma_b = kg/cm^2$ 1400 zul. Belastung Q kg	Biegung $\sigma_b = kg/cm^2$ 1600 zul. Belastung Q kg	Durchbiegung Wert	S max = F·1400 kg	für sK=1m λ_1	zul. Druckkraft Szul für freie Knicklänge sK = 2 m kg	3 m kg	4 m kg
10	10	20,5	26,1	1 250	1 428	4 506	36 540	39,5	23 400	11 000	6 200
12	12	26,9	34,3	2 016	2 304	8 709	48 020	32,9	35 800	21 000	11 700
14	14	34.6	44,1	3 038	3 472	15 322	61 740	28,3	50 200	36 100	20 300
16	16	45,8	58,4	4 606	5 264	26 510	81 760	24,7	69 900	56 000	35 700
18	18	51,6	65,8	5 964	6 816	38 606	92 120	22,0	81 500	68 700	50 900
20	20	64,9	82,7	8 330	9 520	59 976	115 780	19,7	105 200	92 600	74 200
22	22	71,5	91,1	10 248	11 712	81 144	127 540	17,8	118 100	107 200	90 500
24	24	87,4	111	13 636	15 584	117 835	155 400	16,4	145 200	134 000	116 800
26	26	94,8	121	16 240	18 560	151 704	169 400	15,1	161 300	150 000	134 500
28	28	113	144	20 720	23 680	208 858	201 600	14,0	191 900	181 500	165 200
30	30	121	154	24 080	27 520	259 661	215 600	13,1	207 200	196 000	182 600
32	30	135	171	28 280	32 320	325 080	239 400	13,2	230 100	217 600	201 100
34	30	137	174	30 380	34 720	372 355	243 600	13,3	234 100	221 300	204 600
36	30	150	192	35 140	40 160	454 810	268 800	13,3	258 400	244 200	226 000
38	30	153	194	37 520	42 880	513 576	271 600	13,4	261 000	246 900	226 200
40	30	164	209	42 420	48 480	611 251	292 600	13,4	281 200	265 900	243 700
42,5	30	166	212	45 780	52 320	700 358	296 800	13,5	285 200	269 700	247 200
45	30	182	232	52 360	59 840	848 938	324 800	13,6	312 200	292 500	270 600
47,5	30	185	235	56 140	64 160	958 810	329 000	13,7	316 300	296 300	271 900
50	30	200	255	63 420	72 480	1 141 056	357 000	13,7	343 100	321 500	295 000
55	30	207	263	71 400	81 600	1 414 224	368 200	13,9	350 500	331 600	301 700
60	30	227	289	84 420	96 480	1 822 464	404 600	14,2	385 200	361 200	329 000
65	30	234	297	93 380	106 720	2 185 344	415 800	14,4	395 900	371 100	335 100
70	30	254	324	108 080	123 520	2 724 624	453 600	14,5	432 000	405 000	365 700
75	30	261	333	118 020	134 880	3 188 304	466 200	14,7	444 000	412 500	373 000
80	30	268	342	128 240	146 560	3 693 312	478 800	14,9	456 100	423 600	380 000

Bez. IP 10 DIN 1025₂

I-STAHL — BREITFLANSCH mit geneigten inneren Flanschflächen

λ max = 250; hierfür sK max = 250 : λ_1 und Druckkraft Szul = Smax : 14,78

KNICKEN

h·b cm·cm	Gew. kg/m	F cm²	Biegung $\sigma_b = kg/cm^2$ 1400 zul. Belastung Q kg	Biegung $\sigma_b = kg/cm^2$ 1600 zul. Belastung Q kg	Durchbiegung Wert	S max = F·1400 kg	für sK=1m λ_1	zul. Druckkraft Szul für freie Knicklänge sK = 2 m kg	3 m kg	4 m kg
10·10	21,0	26,8	1 251	1 430	4 506	37 520	42,2	22 000	9 900	5 570
12·12	27,2	34,6	1 988	2 272	8 588	48 440	35,5	34 300	18 000	10 150
14·14	34,0	43,3	2 982	3 408	15 019	60 620	30,2	48 100	31 900	17 560
16·16	45,0	57,4	4 508	5 152	26 006	80 360	26,2	68 100	51 800	30 900
18·18	50,8	64,7	5 838	6 672	37 800	90 580	23,5	78 700	64 600	44 400

Bez. I 10·10 DIN 1025₂

Beispiel 7: Belastungsart g). Einzellast in der Mitte eines beiderseits eingespannten Trägers, frei;

$Q = 4000$ kg; $l = 6,00$ m; σ_b zul. $= 1400$ kg/cm²
Durchbiegung $l/300$;

Formel $\dfrac{Q \cdot l}{8}$; $\cdot$ l $\cdot$ 0,60;

$$\frac{4000 \cdot 6}{8} = 3000 \text{ kg}; \quad 3000 \cdot 6 \cdot 0{,}6 = 10\,800;$$

wegen Biegung I 20 (2996), wegen Durchbiegung I 18 (14620);
gewählt I 20.

Zusammengesetzte Belastung

Wirken zwei oder mehrere Belastungsarten gleichzeitig auf den Träger,
so wird jede Belastungsart gesondert gerechnet und die Ergebnisse
werden addiert.

Mehrere Belastungsarten lassen sich auch auf einen Nenner bringen:

Beispiel 8: Belastungsarten c) und f). $Q_1 = 3\,000$ kg; $Q_2 = 5\,000$ kg,
$l = 5,00$ m;

c) Einzellast $Q_1 = 3\,000$ kg in der $\dfrac{Q_1 \cdot l}{4}$;
Mitte des Trägers;

f) Gleichmäßig verteilte Last $Q_2 = 5\,000$ kg auf $\dfrac{Q_2 \cdot l}{8}$;
dem beiderseits frei aufliegenden Träger.

Umwandlung der Einzellast $Q_1 = 3000$ kg in eine gleichmäßig verteilte Last im Verhältnis der Wirkungsfaktoren 4
und 8;

also Verdoppelung: $Q_1 = \dfrac{3000 \cdot 8}{4} = 6\,000$ kg

hierzu Q_2 mit 5 000 kg

gleichm. vert. Last $Q = 11\,000$ kg

jetzt $\dfrac{Q \cdot l}{8} = \dfrac{11\,000 \cdot 5,0}{8} = \dfrac{55\,000}{8} = 6875$ kg

wegen Biegung I 28 (7588 kg $>$ 6875 kg).

Verwendung von [-Stahl als Träger

Das unsymmetrische Profil des [-Stahles gestattet keine volle Ausnutzung
der rechnerischen Tragfähigkeit, wenn der [-Stahl als Einzelträger verwendet wird. Amtliche Angaben über notwendige Spannungsermäßigung
fehlen, doch wird man zweckmäßig mit einem Zuschlag von 20%
(Faktor 1,2) zur Gesamtlast rechnen, wenn der Träger nicht einbetoniert,
also frei eingebaut ist.

Werden dagegen 2][-Profile, welche mit entsprechenden Querverbin-
dungen zu einem symmetrischen Profil zusammengesetzt sind, verwendet,
so gelten wieder die in der Tabelle angegebenen Werte.

⊏-STAHL

BIS EINSCHL. ⊏ 30 NEIG. 8 %   ÜBER ⊏ 30 „ 5 %

λ max = 250; hierfür sK max = 250 : λ_1 und S zul. = Smax : 14,78

h	b	Gew.	BEZ ⊏ 8 DIN 1026 F	BIEGUNG: $\sigma_b = kg/cm^2$ 1400 zul. Belastung Q	1600	DURCH-BIE-GUNG	S max = F · 1400	für sK = 1m	KNICKEN zul. Druckkraft S zul. für freie Knicklänge sK = 2 m	3 m	4 m
cm	cm	kg/m	cm²	kg	kg	Wert	kg	λ_1	kg	kg	kg
8	4,5	8,64	11,0	371	424	1 068	15 400	75,3	2 870	1 275	—
10	5,0	10,6	13,5	577	660	2 076	18 900	68,0	4 320	1 920	—
12	5,5	13,4	17,0	850	971	3 669	23 800	62,9	6 360	2 820	—
14	6,0	16,0	20,4	1 210	1 382	6 098	28 560	57,1	9 270	4 120	2 310
16	6,5	18,8	24,0	1 624	1 856	9 324	33 600	52,9	12 680	5 640	3 170
18	7,0	22,0	28,0	2 100	2 400	13 608	39 200	49,5	17 040	7 520	4 220
20	7,5	25,3	32,2	2 674	3 056	19 253	45 080	46,7	22 300	9 710	5 460
22	8,0	29,4	37,4	3 430	3 920	27 115	52 360	43,5	29 400	13 000	7 310
24	8,5	33,2	42,3	4 200	4 800	36 228	59 220	41,3	35 800	16 300	9 180
26	9,0	37,9	48,3	5 194	5 936	48 586	67 620	39,1	43 900	20 800	11 700
28	9,5	41,8	53,3	6 272	7 168	63 302	74 620	36,5	51 800	26 300	14 800
30	10,0	46,2	58,8	7 490	8 560	80 942	82 320	34,5	59 600	32 500	18 300
32	10,0	59,5	75,8	9 506	10 864	109 570	106 120	35,6	75 200	39 300	22 100
35	10,0	60,6	77,3	10 276	11 744	129 427	108 220	36,8	74 600	37 500	21 100
38,1	10,2	62,6	79,7	11 564	13 216	158 558	111 580	36,0	78 000	40 400	22 700
40	11,0	71,8	91,5	14 280	16 320	205 528	128 100	32,9	97 000	56 600	31 500

Beispiel 9: Belastungsart f). Gleichmäßig verteilte Last auf einem aus zwei symmetrisch verbundenen ⊐⊏-Profilen bestehenden Träger.

$Q = 5000$ kg; $l = 4$ m; σ_b zul. $= 1400$ kg/cm²; Durchbiegung $l/300$;

Formel: $\dfrac{Q \cdot l}{8}$; : l : 1,5;

$$\frac{5000 \cdot 4,0}{8} = 2500 \text{ kg}; \quad 2500 \cdot 4 \cdot 1,5 = 15\,000;$$

für Biegung 2 ⊐⊏ 16 mit je 1624 kg = 3248 > 2500 kg;

für Durchbiegung dieselben mit je 9324 = 18 648 > 15 000;

Vorhandene Träger und Balken

Soll ein vorhandener Träger oder Balken auf seine Tragfähigkeit bei bekannter Belastungsart und Stützweite untersucht werden, so wird vom Tabellenwert aus gerechnet, und zwar so, daß Multiplikation zur Division wird und umgekehrt.

Beispiel 10: Ein I 24 soll als frei eingebauter Deckenträger mit einer Stützweite von 4,20 m und gleichmäßig verteilter Last (Bel.-Art f) verwendet werden.

$$\sigma_b \text{ zul.} = 1400 \text{ kg/cm}^2;$$

a) Biegung: Q (tab.) = 4956 kg;

$$\text{aus } \frac{Q \cdot l}{8} \text{ wird } \frac{Q \text{ (tab.)} \cdot 8}{l}$$

$$\frac{4956 \cdot 8}{4,20} = \text{rd. } \mathbf{9450} \text{ kg}$$

b) Durchbiegung (l/300)

$$\text{aus } \frac{Q \cdot l}{8} \cdot l \cdot 1,5 \text{ wird}$$

$$\frac{\text{Wert (tab.)} \cdot 8}{l \cdot l \cdot 1,5} = \frac{42\,840 \cdot 8}{4,2 \cdot 4,2 \cdot 1,5} = 12\,952 \text{ kg}$$

Mit Rücksicht auf Durchbiegung könnte der Träger zwar 12 952 kg aufnehmen; der kleinere Wert für Biegung ist jedoch hier ausschlaggebend.

Die Rechnung muß für Biegung und Durchbiegung getrennt vorgenommen werden, weil anstelle von Q zwei verschiedene Tabellen-Werte zu setzen sind.

Stützen

Beispiel 11: I-Stahl (Handelsbaustahl) σ_d zul. = 1 400 kg/cm²; $^sK = 3,50$ m; S = 25 000 kg.

Man wähle zunächst versuchsweise einen Träger, dessen Stabkraft zwischen ^sK 3 u. 4 m etwa der Druckkraft entspricht. Es ist dies der I 32, dessen Stabkraft bei 3,00 m = 36 300 kg, bei 4 m = 20 400 kg beträgt; S max, die größte Stabkraft ohne Berücksichtigung der Knickung ist 108 920 kg.

Der Schlankheitsgrad des I 32 für $^sK = 1$ m ist 37,5, also für 3,50 m = 3,5 · 37,5 = 131,25;

hierfür ist die Knickzahl $\omega = 4,07$;

S max wird durch die Knickzahl dividiert

$$\frac{108\,920}{4,07} = \mathbf{26\,750,} > 25\,000 \text{ kg.}$$

Der versuchsweise gewählte I 32 reicht aus.

Beispiel 12: IP-Stahl.

S = 46 000 kg; $^sK = 4,20$ m;

versuchsweise: IP 18 mit S max = 92 120 kg, $\lambda_1 = 22$;

$\lambda = \lambda_1 \cdot {}^sK = 22 \cdot 4,2 = 92,4$; hierfür $\omega = 1,97$;

$$S \text{ zul.} = \frac{S \text{ max}}{\omega} = \frac{92\,120}{1,97} = \mathbf{46\,760} \text{ kg} > 46\,000 \text{ kg.}$$

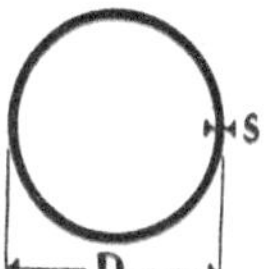

FLUSS-STAHLROHR-SÄULEN
Nahtlos — Normalwandig

DIN 2448; $\sigma_d = 1400$ kg/cm²; λ max = 250;

Nenn-weite	D mm	s mm	Gew. kg/m	F cm²	S max = F · 1400 kg	für sK = 1 m λ_1	zul. Druckkraft S zul. für freie Knicklänge sK = 2 m kg	3 m kg	4 m kg	sK max 250 : λ_1 m	hierfür S zul. kg
32	38	2,5	2,19	2,79	3 906	79,4	656	291	—	3,15	264
40	44,5	2,5	2,59	3,30	4 620	67,3	1 076	479	—	3,70	312
50	57	2,75	3,68	4,69	6 566	52,1	2 555	1 138	640	4,80	444
60	70	3,00	4,96	6,08	8 512	41,3	5 160	2 340	1 320	6,00	576
70	76	3,00	5,40	6,88	9 632	38,8	6 300	3 010	1 690	6,45	652
80	89	3,25	6,87	8,76	12 264	32,7	9 220	5 450	3 025	7,55	830
90	95	3,50	7,90	10,06	14 084	31,0	10 910	7 040	3 865	8,05	952
100	108	3,75	9,64	12,28	17 192	27,1	14 320	10 600	6 180	9,20	1160
125	133	4,00	12,73	16,20	22 680	21,9	20 060	17 040	12 600	11,40	1535
150	159	4,50	17,15	21,84	30 576	18,3	28 050	25 260	21 200	13,65	2 065
175	191	5,5	25,16	32,05	44 870	15,2	42 700	39 300	35 300	16,40	3 035
200	216	6,5	33,58	42,78	59 892	13,5	57 600	54 400	49 900	18,50	4 050
225	241	6,5	37,59	47,89	67 046	12,1	65 100	62 100	58 300	20,70	4 530
250	267	7,0	44,88	57,28	80 192	10,9	77 800	74 900	70 900	22,95	5 420
275	292	7,5	52,62	67,03	93 842	9,9	92 000	89 300	85 300	25,15	6 340
300	318	8	61,16	77,91	109 074	9,1	106 900	104 800	101 000	27,40	7 380

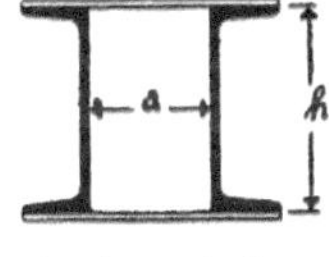

ZWEITEIL. STÜTZEN AUS][-STAHL

DIN 1026; $\sigma_d = 1400$ kg/cm²; λ max = 250;

h cm	a cm	Gew. kg/m	F cm²	S max = F · 1400 kg	für sK = 1 m λ_1	zul. Druckkraft S zul. für freie Knicklänge sK = 2 m kg	3 m kg	4 m kg	Binde-Bleche Abstand sK : 3 höchstens m	sK max 250 : λ_1 m	hierfür S zul. kg
8	3	17,3	22,0	30 800	32,3	23 300	14 100	7 800	0,665	7,70	2 080
10	5	21,2	27,0	37 800	25,6	32 000	24 800	15 200	0,785	9,75	2 555
12	6	26,8	34,0	47 600	21,6	42 500	36 000	27 000	0,795	11,55	3 220
14	7,5	32,0	40,8	57 120	18,4	52 400	47 200	39 400	0,875	13,85	3 865
16	9	37,6	48,0	67 200	16,1	63 400	58 400	51 300	0,945	15,50	4 545
18	10	44,0	56,0	78 400	14,4	74 600	70 000	63 200	1,010	17,35	5 300
20	12	50,6	64,4	90 160	12,9	86 600	81 900	76 400	1,070	19,35	6 100
22	13	58,8	74,8	104 720	11,8	101 600	97 000	91 000	1,150	21,15	7 080
24	15	66,4	84,6	118 440	10,9	115 000	110 600	105 700	1,210	22,90	8 010
26	16	75,8	96,6	135 240	10,0	132 600	128 800	123 000	1,280	25,00	9 150
28	18	83,6	106,6	149 240	9,2	146 300	142 100	136 900	1,370	27,15	10 100
30	20	92,4	117,6	164 640	8,6	161 400	158 200	153 800	1,450	29,05	11 140
32	20	119,0	151,6	212 240	8,3	208 000	204 000	198 400	1,405	30,10	14 350
35	22	121,2	154,6	216 440	7,8	214 200	210 000	204 000	1,360	32,05	14 640
38,1	25	125,2	159,4	223 160	7,1	221 000	216 700	212 500	1,390	35,20	15 095
40	26	143,6	183,0	256 200	6,7	253 700	251 100	246 200	1,520	37,30	17 330

Beispiel 13: $\sqsubset$-Stahl; S = 20 000 kg; $^sK =$ 4,80 m;

versuchsweise $\sqsubset$ 40 mit S max = 128 100 kg; λ_1 = 32,9;
$\lambda = \lambda_1 \cdot 4,8 = 32,9 \cdot 4,8 = 157,90$; hierfür $\omega =$ 5,89;

$$S\,zul. = \frac{128\,100}{5,89} = \text{rd. } 21\,750 \text{ kg} > 20\,000 \text{ kg.}$$

Beispiel 14: $\bigcirc$-Flußstahlrohr-Säule, S = 45 000 kg; $^sK =$ 5,20 m.

I. Versuchsweise $\bigcirc$-Nennweite 225 mit S max = 67 046 kg und
$\lambda_1 = 12,1$;
$\lambda = \lambda_1 : {}^sK = 12,1 : 5,2 = 62,92$, hierfür $\omega =$ 1,30;

$$S\,zul. = \frac{67\,046}{1,30} = 51\,500 \text{ kg} > 45\,000 \text{ kg.}$$

II. Versuchsweise $\bigcirc$-Nennweite 200 mit S max = 59 892 kg;
$\lambda_1 = 13,5$;
$\lambda = \lambda_1 : {}^sK = 13,5 : 5,2 = 70,2$; hierfür $\omega =$ 1,39;

$$S\,zul. = \frac{59\,892}{1,39} = \text{rd. } \mathbf{43\,000} \text{ kg} < 45\,000 \text{ kg.}$$

Es bleibt also bei $\bigcirc$-Nennweite 225.

Beispiel 15: Zweiteilige Stütze aus $\rsqb\sqsubset$-Stahl.

S = 180 000 kg; $^sK = 3,40$ m
versuchsweise $\rsqb\sqsubset$ 32 mit S max = 212 240 kg; $\lambda_1 =$ 8,3;
$\lambda = {}_1\lambda \cdot {}^sK = 8,3 \cdot 3,40 = 28,22$; hierfür $\omega =$ 1,05;

$$S\,zul. = \frac{212\,240}{1,05} = \text{rd. } \mathbf{202\,000} \text{ kg} > 180\,000 \text{ kg.}$$

Abstand a = 20 cm; Mittenabstand der Bindebleche höchstens 1,405 m (Tabelle), vorhanden ${}^sK : 3 = \dfrac{3,40}{3} = 1,13$ m.

Beispiel 16: Gußeiserne Rundhohl-Säule.

S = 100 000 kg; $^sK = 4,50$ m;
Versuchsweise D/s = 260/26 mit S max = 171 900 kg; $\lambda_1 =$ **12,0**;
$\lambda = 12 \cdot 4,5 = 54$; hierfür $\omega =$ 1,5;

$$S\,zul. = \frac{171\,900}{1,5} = \text{rd. } \mathbf{115\,000} \text{ kg} > 100\,000 \text{ kg.}$$

Beispiel 17: Gußeiserne Quadrathohl-Säule.

S = 80 000 kg, $^sK = 3,70$ m;
versuchsweise D/s = 190/20 mit S max = 122 400 kg; $\lambda_1 =$ 14,3;
$\lambda = \lambda_1 \cdot {}^sK = 14,3 : 3,7 = 52,9$; hierfür $\omega =$ 1,47.

$$S\,zul. = \frac{122\,400}{1,47} = \text{rd. } \mathbf{83\,400} \text{ kg} > 80\,000 \text{ kg.}$$

GUSSEISERNE RUNDHOHL-SÄULEN

DIN 1051 GUSSEISEN Ge 14.91 $\sigma_d = 900$ kg/cm², λ max $= 100$

D	s	Gew.	F	$S_{max} =$ F · 900	für sK $= 1$ m	zul. Druckkraft S zul. für freie Knicklänge sK = 2 m	3 m	4 m	sK max 100 : λ_1	hierfür S zul.
mm	mm	kg/m	cm²	kg	λ_1	kg	kg	kg	m	kg
100	10	20,5	28,3	25 470	31,2	14 150	5 300	—	3,20	4 670
	14	27,4	37,8	34 020	32,5	17 540	6 560	—	3,08	6 240
120	12	29,5	40,7	36 630	29,9	22 070	8 330	—	3,35	6 720
	16	37,9	52,3	47 070	26,9	31 600	13 220	—	3,72	8 630
140	14	40,2	55,4	49 860	22,3	38 300	24 400	11 400	4,48	9 170
	18	50,0	68,9	62 010	22,9	47 300	29 000	13 500	4,36	11 370
160	16	52,5	72,4	65 160	19,5	53 800	40 200	20 100	5,12	11 950
	20	63,8	88,0	79 200	20,0	64 900	47 400	22 600	5,00	14 530
180	18	66,4	91,6	82 440	17,3	71 100	58 000	38 000	5,78	15 120
	20	72,9	100.5	90 450	17,1	78 600	64 600	42 600	5,86	16 600
200	20	81,9	113,0	101 700	15,6	90 800	75 800	56 500	6,41	18 650
	24	96,1	132,6	119 340	15,8	105 600	88 400	64 800	6,34	21 900
220	22	99,2	136,8	123 120	13,6	113 000	99 300	81 500	7,35	22 600
	26	114,8	158,4	142 560	14,5	128 600	111 300	88 500	6,92	26 170
240	24	118,0	162,7	146 430	13,0	134 300	121 000	101 000	7,68	26 870
	26	126,7	174,7	157 230	13,1	144 200	129 900	107 600	7,62	28 850
260	22	119,2	164,4	147 960	11,9	138 200	126 400	109 600	8,44	27 150
	26	138,5	191,0	171 900	12,0	160 600	145 600	126 300	8,32	31 540
280	22	129,2	178,2	160 380	10,9	151 200	140 600	125 200	9,15	29 420
300	20	127,5	175,8	158 220	10,1	150 600	142 500	128 500	9,93	29 030

GUSSEIS. QUADRATHOHL-SÄULEN

DIN 1051 GUSSEISEN Ge 14.91 $\sigma_d = 900$ kg/cm², λ max $= 100$

D	s	Gew.	F	$S_{max} =$ F · 900	für sK $= 1$ m	zul. Druckkraft S zul. für freie Knicklänge sK = 2 m	3 m	4 m	sK max 100 : λ_1	hierfür S zul.
mm	mm	kg/m	cm²	kg	λ_1	kg	kg	kg	m	kg
100	10	26,1	36	32 400	27,1	21 460	8 950	—	3,69	5 940
	18	42,8	59	53 100	28,9	33 000	12 900	—	3,46	9 740
110	12	34,1	47	42 300	24,8	30 650	15 200	7 880	4,03	7 760
	18	48,0	66	59 400	26,1	40 950	18 100	—	3,83	10 900
120	12	37,6	52	46 800	22,6	36 000	22 400	10 470	4,43	8 590
	20	58,0	80	72 000	24,0	52 940	29 150	14 280	4,16	13 200
140	14	51,2	71	63 900	19,4	52 800	39 400	20 000	5,16	11 720
	16	57,6	79	71 100	19,6	58 700	43 600	21 600	5,11	13 050
150	16	62,2	86	77 400	18,2	65 600	50 900	30 100	5,50	14 200
	24	87,7	121	108 900	19,1	90 700	68 100	35 950	5,23	19 800
160	16	66,8	92	82 800	16,8	72 000	59 150	40 400	5,92	15 200
	24	94,7	130	117 000	17,7	100 000	79 600	50 650	5,64	21 480
180	18	84,5	117	105 300	15,1	94 900	80 400	62 300	6,64	19 340
	20	92,8	128	115 200	15,2	103 700	87 900	67 400	6,58	21 130
190	20	98,6	136	122 400	14,3	111 200	96 300	76 950	6,98	22 460
	22	107,2	148	133 200	14,5	121 000	104 000	82 700	6,91	24 440
200	20	104,4	144	129 600	13,5	118 800	105 300	86 400	7,39	23 800
	22	113,5	157	141 300	13,7	129 600	114 900	92 900	7,31	25 920
220	22	126,3	174	156 600	12,3	145 000	131 600	114 300	8,14	28 730
240	24	150,4	207	186 300	11,3	174 000	162 000	143 300	8,88	34 200

Beispiel 18: Einteilige Nadelholz-Stütze.

$$S = 11\,000 \text{ kg; } {}^sK = 2{,}50 \text{ m;}$$

versuchsweise 14/16 cm mit $S\max = 19\,040$ und $\lambda_1 = 24{,}7$;

$$\lambda = 24{,}7 \cdot 2{,}50 = 61{,}75; \text{ hierfür } \omega = 1{,}70;$$

$$S\,\text{zul.} = \frac{19\,040}{1{,}7} = \text{rd. } \mathbf{11\,200\,kg} > 11\,000 \text{ kg.}$$

Beispiel 19: Rundholz-Stütze.

$$S = 23\,000 \text{ kg, } {}^sK = 4{,}30 \text{ m;}$$

versuchsweise $\varnothing$ 26 cm mit $S\max = 45\,000$, $\lambda_1 = 15{,}38$;

$$\lambda = 15{,}38 \cdot 4{,}3 = 66{,}13; \text{ hierfür } \omega = 1{,}79;$$

$$S\,\text{zul.} = \frac{45\,000}{1{,}79} = \text{rd. } 25\,000 > 23\,000 \text{ kg.}$$

Beispiel 20: Zweiteilige Nadelholz-Stütze.

$$S = 16\,000 \text{ kg, } {}^sK = 5{,}40 \text{ m;}$$

versuchsweise ▉ 26/34; $d = 8{,}5$ cm; $a = 17$ cm;

mit $S\max = 37\,570$ kg, $\lambda_1 = 13{,}33$;

$$\lambda = 13{,}33 \cdot 5{,}4 = 71{,}98; \text{ hierfür } \omega = 1{,}92;$$

$$S\,\text{zul.} = \frac{37\,570}{1{,}92} = \text{rd. } \mathbf{19\,500 \text{ kg}} > 16\,000 \text{ kg.}$$

Mitten-Abstand der Bindehölzer ${}^sK : 3 = \dfrac{5{,}40}{3} = 1{,}80$ m.

Vorhandene Stützen und Säulen auf ihre Tragfähigkeit zu untersuchen, ist insofern einfacher, als nicht erst versuchsweise ein Profil angenommen werden muß.

Gebrauchte und verformte Träger

Bezüglich der Verwendung gebrauchter Träger besagt DIN 1050 § 8:
„Wird alter Baustahl wieder verwendet, so müssen die zulässigen Spannungen gemäß dem Erhaltungszustand herabgesetzt werden."
Da die einwandfreie Feststellung des Erhaltungszustandes kaum durchführbar ist, ist man auf Schätzungen nach sorgfältiger Prüfung angewiesen. In jedem Falle ist aber eine Mindest-Ermäßigung auf $^4/_5$ der sonst zulässigen Spannung (Statofix: mindestens 25% Zuschlag zur Gesamtlast) zu empfehlen.

Besondere Vorsicht ist zu beobachten bei Trägern mit mehr als 5 Meter Stützweite wegen des Einflusses der Durchbiegung.

Auf mechanischem Wege wieder verwendbar gemachte verformte Träger, z. B. aus Trümmerstätten, erfordern besondere Vorsicht bei ihrer Wiederverwendung. Amtliche Vorschriften hierfür sind noch nicht bekannt.

NADELHOLZ

b/h cm	Gew. kg/m	F cm²	BIEGUNG: $\sigma_b = kg/cm^2$ 70 zul. Belastung Q = kg	100 kg	130 kg	DURCH-BIE-GUNG Wert	S max = F · 85 kg	für sK=1m λ₁	zul. Druckkraft S zul. für freie Knicklänge sK = 2 m kg	3 m kg	4 m kg
8/8	3,85	64	60	85	111	163	5 440	43,3	2 290	990	510
8/10	4,80	80	93	133	173	320	6 800	43,3	2 860	1 240	630
8/12	5,80	96	134	192	251	553	8 160	43,3	3 440	1 490	750
8/14	6,75	112	182	260	339	868	9 520	43,3	4 010	1 740	880
8/16	7,70	128	238	340	443	1 310	10 880	43,3	4 590	1 990	1 010
8/18	8,65	144	302	432	561	1 865	12 240	43,3	5 080	2 230	1 130
8/20	9,60	160	372	528	692	2 560	13 600	43,3	5 740	2 480	1 260
10/10	6,00	100	117	167	217	400	8 500	34,6	4 590	2 600	1 340
10/12	7,20	120	168	240	312	691	10 200	34,6	5 510	3 120	1 610
10/14	8,40	140	228	326	424	1 098	11 900	34,6	6 430	3 640	1 880
10/16	9,60	160	298	426	554	1 638	13 600	34,6	7 350	4 160	2 150
10/18	10,80	180	378	540	702	2 333	15 300	34,6	8 270	4 680	2 410
10/20	12,00	200	466	666	866	3 300	17 000	34,6	9 190	5 200	2 680
10/22	13,20	220	564	806	1 048	4 259	18 700	34,6	10 110	5 720	2 950
10/24	14,40	240	672	960	1 248	5 530	20 400	34,6	11 030	6 240	3 220
10/26	15,60	260	788	1 126	1 464	7 031	22 100	34,6	11 950	6 760	3 490
10/28	16,80	280	914	1 306	1 698	8 780	23 800	34,6	12 870	7 280	3 760
10/30	18,00	300	1 050	1 500	1 950	10 800	25 500	34,6	13 780	7 800	4 030
10/32	19,20	320	1 194	1 706	2 218	13 107	27 200	34,6	14 700	8 320	4 290
10/36	21,60	360	1 512	2 160	2 808	18 662	30 600	34,6	16 540	9 360	4 830
10/40	24,00	400	1 867	2 667	3 467	25 600	34 000	34,6	18 370	10 400	5 370
10/44	26,40	440	2 258	3 227	4 195	34 073	37 400	34,6	20 210	11 440	5 910
10/48	28,80	480	2 688	3 840	4 992	44 337	40 800	34,6	22 050	12 480	6 440
12/12	8,65	144	201	288	374	830	12 240	38,8	7 550	5 180	2 950
12/14	10,10	168	274	392	510	1 317	14 280	28,8	8 810	6 050	3 440
12/16	11,55	192	358	512	665	1 973	16 320	28,8	10 070	6 910	3 930
12/18	13,00	216	454	648	842	2 799	18 360	28,8	11 330	7 780	4 420
12/20	14,40	240	560	800	1 040	3 840	20 400	28,8	12 590	8 640	4 910
12/22	15,85	264	678	968	1 258	5 111	22 440	28,8	13 850	9 510	5 400
12/24	17,30	288	806	1 152	1 497	6 636	24 480	28,8	15 110	10 370	5 890
12/26	18,75	312	946	1 352	1 757	8 437	26 520	28,8	16 370	11 240	6 390
14/14	11,80	196	320	457	581	1 537	16 660	24,7	11 180	8 460	5 680
14/16	13,45	224	418	597	776	2 296	19 040	24,7	12 770	9 660	6 500
14/18	15,15	252	530	756	982	3 266	21 420	24,7	14 370	10 870	7 310
14/20	16,80	280	653	933	1 213	4 481	23 800	24,7	15 960	12 080	8 120
14/22	18,50	308	790	1 129	1 468	5 963	26 180	24,7	17 560	13 280	8 930
14/24	20,20	336	941	1 344	1 747	7 741	28 560	24,7	19 160	14 490	9 740
14/26	21,85	364	1 104	1 577	2 050	9 842	30 940	24,7	20 760	15 700	10 550
14/28	23,55	392	1 280	1 829	2 378	12 293	33 320	24,7	22 360	16 910	11 370
14/30	25,20	420	1 470	2 100	2 730	15 120	35 700	24,7	23 950	18 120	12 180

NADELHOLZ (Fortsetzung)

λ max = 150; hierfür sK max = 150 : λ1 und S zul. = Smax : 7,65

b/h cm	Gew. kg/m	F cm²	BIEGUNG: $\sigma b = kg/cm^2$ zul. Belastung Q = 70 kg	100 kg	130 kg	DURCH-BIE-GUNG Wert	Smax = F · 85 kg	für sK=1m λ1	2 m kg	3 m kg	4 m kg
16/16	15,40	256	478	683	888	2 623	21 760	21,6	15 540	12 360	9 220
16/18	17,30	288	620	864	1 123	3 733	24 480	21,6	17 480	13 900	10 370
16/20	19,20	320	747	1 066	1 386	5 120	27 200	21,6	19 420	15 450	11 520
16/22	21,15	352	903	1 290	1 677	6 814	29 920	21,6	21 360	17 000	12 670
16/24	23,05	384	1 075	1 536	1 996	8 847	32 640	21,6	23 300	18 540	13 830
16/26	25,00	416	1 262	1 802	2 343	11 249	35 360	21,6	25 250	20 080	14 980
16/28	26,90	448	1 463	2 090	2 717	14 050	38 080	21,6	27 200	21 620	16 130
16/30	28,80	480	1 680	2 400	3 120	17 279	40 800	21,6	29 130	23 170	17 280
18/18	19,45	324	680	972	1 264	4 201	27 540	19,2	20 550	17 000	13 430
18/20	21,60	360	840	1 200	1 560	5 766	30 600	19,2	22 830	18 880	14 930
18/22	23,80	396	1 016	1 452	1 888	7 667	33 660	19,2	25 120	20 770	16 420
18/24	26,00	432	1 210	1 728	2 246	9 953	36 720	19,2	27 400	22 660	17 910
18/26	28,10	468	1 420	2 028	2 636	12 654	39 780	19,2	29 680	24 540	19 400
18/28	30,25	504	1 646	2 352	3 057	15 782	42 840	19,2	31 960	26 430	20 900
18/30	32,40	540	1 890	2 700	3 510	19 440	45 900	19,2	34 240	28 320	22 390
20/20	24,00	400	933	1 333	1 733	6 400	34 000	17,3	26 150	22 210	18 370
20/22	26,40	440	1 130	1 613	2 097	8 518	37 400	17,3	28 770	24 430	20 210
20/24	28,80	480	1 344	1 920	2 496	11 059	40 800	17,3	31 400	26 660	22 050
20/26	31,20	520	1 577	2 253	2 930	14 061	44 200	17,3	34 000	28 890	23 890
20/28	33,60	560	1 830	6 113	3 397	17 561	47 600	17,3	36 600	31 110	25 730
20/30	36,00	600	2 100	3 000	3 900	21 600	51 000	17,3	39 200	33 320	27 570
22/22	29,00	484	1 242	1 775	2 308	9 374	41 140	15,7	32 650	28 180	23 900
22/24	31,70	528	1 480	2 112	2 746	12 167	44 880	15,7	35 600	30 740	26 100
22/26	34,35	572	1 735	2 479	3 220	15 473	48 620	15,7	38 580	33 300	28 200
22/28	37,00	616	2 012	2 875	3 737	19 303	52 360	15,7	41 550	35 860	30 400
22/30	39,60	660	2 320	3 300	4 290	23 769	56 100	15,7	44 500	38 420	32 600
24/24	34,60	576	1 613	2 304	2 995	13 275	48 960	14,4	39 480	34 970	30 200
24/26	37,50	624	1 892	2 704	3 515	16 884	53 040	14,4	42 800	37 900	32 700
24/28	40,40	672	2 195	3 136	4 075	21 077	57 120	14,4	46 400	40 800	35 200
24/30	43,20	720	2 520	3 600	4 680	25 926	61 200	14,4	49 350	43 700	37 700

Sie aufzustellen wird besonders schwierig sein, weil der Grad der ehemaligen Verformung (wobei noch zwischen Verformung durch mechanischen und Hitze-Einfluß zu unterscheiden wäre) nachträglich kaum feststellbar ist.

Ohne den notwendig zu erwartenden amtlichen Vorschriften vorzugreifen, wird unverbindlich folgendes empfohlen:

1. Spannungsermäßigung um wenigstens $^1/_3$ (Statofix: mindestens 50⁰/₀ Zuschlag zur Gesamtlast);
2. Verwendung möglichst nur bei Stützweiten bis zu 5 Meter;
3. Verwendung nur als einbetonierte etc. Träger, da die Durchbiegung nicht einwandfrei nachweisbar ist;

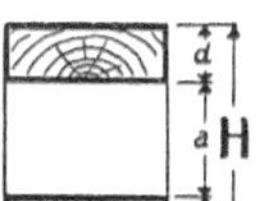

RUNDHOLZ-STÜTZEN

DIN 4074; $\sigma_{d\,||} = 85$ kg/cm^2; λ max $= 150$;

D cm	GEW kg/m	F cm^2	$S_{max} = F \cdot 85$ kg	für sK $=$ 1m λ_1	zul. Druckkraft S zul. für freie Knicklänge sK $=$			sK max $=$ 150 : λ_1 m	hierfür S zul. kg
					2 m kg	3 m kg	4 m kg		
10	4,7	78,5	6 670	40	3 100	1 465	—	3,75	870
12	6,8	113	9 600	33,3	5 300	3 200	1 650	4,50	1 250
14	9,2	154	13 100	28,6	8 100	5 620	3 200	5,25	1 710
16	12,0	201	17 100	25	11 400	8 550	5 700	6,00	2 230
18	15,2	254	21 600	22,2	15 200	12 000	8 800	6,75	2 820
20	18,9	314	26 700	20	19 600	15 880	12 480	7,50	3 490
22	22,8	380	32 300	18,2	24 400	20 570	16 650	8,25	4 220
24	27,1	452	38 400	16,7	30 000	25 600	21 300	9,00	5 020
26	31,8	530	45 000	15,4	35 700	31 250	26 460	9,75	5 880
28	36,8	615	52 300	14,3	42 300	37 350	32 480	10,50	6 830
30	42,7	706	60 000	13,3	49 100	44 100	38 700	11,25	7 840

ZWEITEIL. NADELHOLZ-STÜTZEN

DIN 4074; $\sigma_{d\,||} = 85$ kg/cm^2; λ max $= 150$;

B : H cm	d cm	a cm	GEW kg/m	F cm^2	$S_{max} = F \cdot 85$ kg	für sK $=$ 1m λ_1	zul. Druckkraft S zul. für freie Knicklänge sK $=$			sK max $=$ 150 : λ_1 m	hierfür S zul. kg
							3 m kg	4 m kg	5 m kg		
18/24	6	12	15	216	18 360	19,25	11 330	8 950	6 580	7,75	2 400
20/26	6,5	13	18	260	22 100	17,30	14 440	11 940	9 360	8,65	2 890
22/28	7	14	20	308	26 180	15,76	17 920	15 120	12 460	9,50	3 420
24/30	7,5	15	22	330	28 050	15,75	19 200	16 300	13 350	9,50	3 665
24/32	8	16	25	384	32 640	14,43	23 150	20 150	17 000	10,40	4 265
26/34	8,5	17	30	442	37 570	13,33	27 600	24 200	20 860	11,25	4 910
28/36	9	18	35	504	42 840	12,37	32 200	28 750	25 200	12,10	5 600
30/40	10	20	40	600	51 000	11,55	39 200	35 400	31 450	12,85	6 660

Bis einschl. 18 cm Breite der Gurthölzer 2 Bolzen, einreihig   Bindehölzer

über 18 „   „ „   „   4   „   zweireihig

4. Bei Stützen: wie unter 1. und nur als zweiteilige Stützen mit vermehrten Bindeblechen;

5. Träger, deren Verformung sichtbar nicht ganz beseitigt ist, solche mit Rissen oder starken Rostanfressungen von der Verwendung auszuschließen.

Diese Empfehlungen sollen verhindern, daß ehemals verformter Baustahl wie alter Baustahl im Sinne Din 1050 § 8 oder gar wie neuer Baustahl behandelt wird. Sie entbinden den verantwortlichen Konstrukteur keinesfalls von der persönlichen Haftung und von der Verpflichtung zur sorgfältigen Prüfung, die gegebenenfalls unter Mitwirkung der zuständigen Baupolizeibehörde vorgenommen werden muß.

In der statischen Berechnung ist zu vermerken, daß alter bezw. ehemals verformter Baustahl zur Verwendung gelangen soll.

KNICKZAHLEN ω für Flußstahl St. 00.12 Handelsbaustahl und Stahl 37.12

λ	0	1	2	3	4	5	6	7	8	9	λ
0	1,00	1,00	1,00	1,00	1,00	1,00	1,00	1,00	1,00	1,00	0
10	1,01	1,01	1,01	1,01	1,01	1,01	1,01	1,02	1,02	1,02	10
20	1,02	1,03	1,03	1,03	1,03	1,04	1,04	1,04	1,05	1,05	20
30	1,05	1,06	1,06	1,07	1,07	1,08	1,08	1,09	1,09	1,10	30
40	1,10	1,11	1,11	1,12	1,13	1,13	1,14	1,15	1,15	1,16	40
50	1,17	1,18	1,18	1,19	1,20	1,21	1,22	1,23	1,24	1,25	50
60	1,26	1,27	1,29	1,30	1,31	1,32	1,34	1,35	1,36	1,38	60
70	1,39	1,41	1,43	1,44	1,46	1,48	1,50	1,52	1,54	1,56	70
80	1,59	1,61	1,63	1,66	1,69	1,71	1,74	1,78	1,81	1,84	80
90	1,88	1,92	1,95	2,00	2,04	2,09	2,14	2,19	2,24	2,30	90
100	2,36	2,41	2,46	2,51	2,56	2,61	2,66	2,71	2,76	2,81	100
110	2,86	2,91	2,97	3,02	3,07	3,13	3,18	3,24	3,29	3,35	110
120	3,40	3,46	3,52	3,58	3,64	3,69	3,75	3,81	3,87	3,93	120
130	4,00	4,06	4,12	4,18	4,25	4,31	4,37	4,44	4,50	4,57	130
140	4,63	4,70	4,77	4,83	4,90	4,97	5,04	5,11	5,18	5,25	140
150	5,32	5,39	5,46	5,53	5,61	5,68	5,75	5,83	5,90	5,98	150
160	6,05	6,13	6,20	6,28	6,36	6,44	6,51	6,59	6,67	6,75	160
170	6,83	6,91	6,99	7,08	7,16	7,24	7,32	7,41	7,49	7,57	170
180	7,66	7,75	7,83	7,92	8,00	8,09	8,18	8,27	8,36	8,44	180
190	8,53	8,62	8,72	8,81	8,90	8,99	9,08	9,17	9,27	9,36	190
200	9,46	9,55	9,65	9,74	9,84	9,94	10,03	10,13	10,23	10,23	200
210	10,43	10,53	10,63	10,73	10,83	10,93	11,03	11,13	11,24	11,34	210
220	11,44	11,55	11,65	11,76	11,86	11,97	12,08	12,18	12,29	12,40	220
230	12,51	12,62	12,72	12,83	12,94	13,06	13,17	13,28	13,39	13,50	230
240	13,62	13,73	13,84	13,96	14,08	14,19	14,31	14,42	14,54	14,66	240
250	14,78	—	—	—	—	—	—	—	—	—	250

KNICKZAHLEN ω für Gußeisen

λ	0	1	2	3	4	5	6	7	8	9	λ
0	1,00	1,00	1,00	1,00	1,00	1,00	1,01	1,01	1,01	1,01	0
10	1,01	1,01	1,02	1,02	1,03	1,03	1,03	1,04	1,04	1,05	10
20	1,05	1,06	1,06	1,07	1,07	1,08	1,09	1,09	1,10	1,10	20
30	1,11	1,12	1,13	1,14	1,15	1,16	1,18	1,19	1,20	1,21	30
40	1,22	1,24	1,25	1,27	1,29	1,30	1,32	1,34	1,36	1,37	40
50	1,39	1,42	1,45	1,47	1,50	1,53	1,56	1,59	1,61	1,64	50
60	1,67	1,72	1,78	1,83	1,89	1,94	1,99	2,05	2,10	2,16	60
70	2,21	2,34	2,47	2,60	2,73	2,86	2,98	3,11	3,24	3,37	70
80	3,50	3,59	3,69	3,78	3,87	3,96	4,06	4,15	4,24	4,34	80
90	4,43	4,53	4,63	4,74	4,84	4,94	5,04	5,14	5,25	5,35	90
100	5,45	—	—	—	—	—	—	—	—	—	—

KNICKZAHLEN ω für Nadelholz

λ	0	1	2	3	4	5	6	7	8	9	λ
0	1,00	1.01	1,01	1,02	1,03	1,03	1,04	1,05	1,06	1,06	0
10	1,07	1,08	1,09	1,09	1,10	1,11	1,12	1,13	1,14	1,15	10
20	1,15	1,16	1,17	1,18	1,19	1,20	1,21	1,22	1,23	1,24	20
30	1,25	1,26	1,27	1,28	1,29	1,30	1,32	1,33	1,34	1,35	30
40	1,36	1,38	1.39	1,40	1,42	1,43	1,44	1,46	1,47	1,49	40
50	1,50	1,52	1,53	1,55	1,56	1,58	1,60	1,61	1,63	1,65	50
60	1,67	1,69	1,70	1,72	1,74	1,76	1,79	1,81	1,83	1,85	60
70	1,87	1,90	1,92	1,95	1,97	2,00	2,03	2,05	2,08	2,11	70
80	2,14	2,17	2,21	2,24	2,27	2,31	2,34	2,38	2,42	2,46	80
90	2,50	2,54	2,58	2,63	2,68	2,73	2,78	2,83	2,88	2,94	90
100	3,00	3,07	3,14	3,21	3,28	3,35	3,43	3,50	3,57	3,65	100
110	3,73	3,81	3,89	3,97	4,05	4,13	4,21	4,29	4,38	4,46	110
120	4,55	4,64	4,73	4,82	4,91	5,00	5,09	5,19	5,28	5,38	120
130	5,48	5,57	5,67	5,77	5,88	5,98	6,08	6,19	6,29	6,40	130
140	6,51	6,62	6,73	6,84	6,95	7,07	7,18	7,30	7,41	7,53	140
150*	7,65	7,77	7,90	8,02	8,14	8,27	8,39	8,52	8,65	8,78	150
160	8,91	9,04	9,18	9,31	9,45	9,58	9,72	9,86	10,00	10,15	160
170	10,29	10,43	10,58	10,73	10,88	11,03	11,18	11,33	11,48	11,64	170
180	11.80	11,95	12,11	12,27	12,44	12,60	12,76	12,93	13,09	13,26	180
190	13,43	13,61	13,78	13,95	14,12	14,30	14,48	14,66	14,84	15.03	190
200	15,20	15,38	15,57	15.76	15,95	16,14	16,33	16,52	16,71	16,91	200
210	17,11	17,31	17,51	17,71	17,92	18,12	18,33	18,53	18,74	18,95	210
220	19,17	19,38	19,60	19,81	20,03	20,25	20 47	20,69	20,92	21,14	220
230	21,37	21,60	21,83	22,06	22,30	22,53	22,77	23,01	23,25	23,49	230
240	23,73	23,98	24,22	24,47	24,72	24,97	25,22	25,48	25,73	25,99	240
250	26,25	—	—	—	—	—	—	—	—	—	—

* Druckstäbe mit einem größeren Schlankheitsgrad als λ=150 sind unzulässig. Die Knickzahlen für λ > 150 sind für die Berechnung der Druckstäbe für fliegende Bauten angegeben.

Die Bearbeitung des Statofix erfolgte in enger Anlehnung an die DIN-Vorschriften:

DIN 1025/1 I-Stahl (Juli 1940);

DIN 1025/2 Breit- und parallelflanschiger I-Stahl (Juli 1940);
Breitflanschiger I-Stahl mit geneigten inneren Flanschflächen;

DIN 1026/1 C-Stahl (Juli 1940);

DIN 1050 Berechnungsgrundlagen für Stahl im Hochbau (Juli 1937; Zusatz Febr. 1938 und Juli 1939; RArbBl. 1944 Nr. 13, S I 166);

DIN 1051 Berechnungsgrundlagen für Gußeisen im Hochbau (Febr 1937);

DIN 4074 Bauholz; Gütebedingungen (März 1939);

DIN 1052 Holzbauwerke, Berechnung und Ausführung (Dez. 1940)

Die Tabellen der Knickzahlen für Stahl und für Holz sind wiedergegeben mit Genehmigung des Deutschen Normenausschusses. Maßgebend ist die jeweils neueste Ausgabe des Normblattes im Normformat A 4, das bei der Beuth-Vertrieb GmbH., Berlin W 15, erhältlich ist.

GPSR Compliance
The European Union's (EU) General Product Safety Regulation (GPSR) is a set
of rules that requires consumer products to be safe and our obligations to
ensure this.

If you have any concerns about our products, you can contact us on

ProductSafety@springernature.com

In case Publisher is established outside the EU, the EU authorized
representative is:

Springer Nature Customer Service Center GmbH
Europaplatz 3
69115 Heidelberg, Germany

DIE VOLKSERNÄHRUNG

VERÖFFENTLICHUNGEN AUS DEM TÄTIGKEITSBEREICHE DES
REICHSMINISTERIUMS
FÜR ERNÄHRUNG UND LANDWIRTSCHAFT
HERAUSGEGEBEN UNTER MITWIRKUNG DES
REICHSAUSSCHUSSES FÜR ERNÄHRUNGSFORSCHUNG

2. HEFT

NAHRUNGSSTOFFE
MIT BESONDEREN WIRKUNGEN

UNTER BESONDERER BERÜCKSICHTIGUNG DER BEDEUTUNG
BISHER NOCH UNBEKANNTER NAHRUNGSSTOFFE
FÜR DIE VOLKSERNÄHRUNG

VON

PROF. DR. MED. ET PHIL. H. C. EMIL ABDERHALDEN
GEHEIMER MEDIZINALRAT
DIREKTOR DES PHYSIOLOGISCHEN INSTITUTS DER UNIVERSITÄT
HALLE A. S.

BERLIN
VERLAG VON JULIUS SPRINGER
1922

ISBN 978-3-642-98900-1   ISBN 978-3-642-99715-0 (eBook)
DOI 10.1007/978-3-642-99715-0